幼兒大科學·6·

天氣有預報

王渝生◎主編

姬晟軒◎編著　中島尚美◎繪

中華教育

幼兒大科學·6·

天氣有預報

王渝生◎主編

姬晟軒◎編著　中島尚美◎繪

出版 / 中華教育

香港北角英皇道 499 號北角工業大廈 1 樓 B 室

電話：(852) 2137 2338　傳真：(852) 2713 8202

電子郵件：info@chunghwabook.com.hk

網址：http://www.chunghwabook.com.hk

發行 / 香港聯合書刊物流有限公司

香港新界荃灣德士古道 220–248 號荃灣工業中心 16 樓

電話：(852) 2150 2100　傳真：(852) 2407 3062

電子郵件：info@suplogistics.com.hk

印刷 / 高科技印刷集團有限公司

香港新界葵涌和宜合道 109 號長榮工業大廈 6 樓

版次 / 2021 年 10 月第 1 版第 1 次印刷

©2021 中華教育

規格 / 16 開（205mm x 170mm）

ISBN / 978–988–8759–86–6

責任編輯：梁潔瑩

裝幀設計：龐雅美

排版：龐雅美

印務：劉漢舉

目錄

神奇的氣象世界

　　智慧博士帶小淘氣來到了科學氣象館。

　　科學氣象館是一個神奇的地方。

　　小淘氣被眼前巨大的圓球吸引住了。這個看上去圓滾滾的大球體叫作「地球」。地球是人類和其他許多生命體生存的地方。

科學氣象館

小淘氣與智慧博士

　　地球的表面裹着一層厚厚的、透明的氣體——大氣層。如果誰想去看看星星生活的地方，首先要穿過這層氣體才行。

空氣的組成

惰性氣體約1%

二氧化碳約0.04%

氬

氖

氧氣約21%

氮氣約78%

空氣是甚麼？

　　空氣是很多氣體混合而成的混合物。

　　不過大多數星星「生活」的地方沒有空氣！要知道，空氣對於人類至關重要，離開了空氣，人類就無法呼吸。

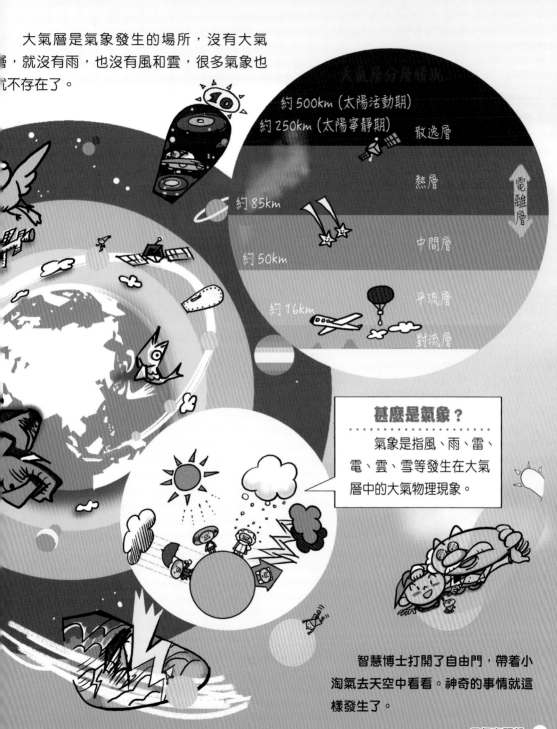

大氣層是氣象發生的場所，沒有大氣層，就沒有雨，也沒有風和雲，很多氣象也不存在了。

大氣層分層情況

約 500km（太陽活動期）
約 250km（太陽寧靜期） 散逸層

熱層

電離層

約 85km

中間層

約 50km

約 16km 平流層

對流層

甚麼是氣象？

氣象是指風、雨、雷、電、雲、雪等發生在大氣層中的大氣物理現象。

智慧博士打開了自由門，帶着小淘氣去天空中看看。神奇的事情就這樣發生了。

起風了

穿過自由門，小淘氣和智慧博士乘上了熱氣球。熱氣球越飛越高，這時智慧博士大喊道：「抓緊了，起風啦！」

風是怎樣形成的？

熱空氣

冷空氣

向上飄

熱空氣飄向上方，冷空氣跑過來補充，就形成了空氣流動，產生了風。

風其實是空氣流動形成的現象。

落下來

風來了！

地球表面的山脈、森林和房屋等，對風的流動有一定阻礙。它們就像賽道上的障礙物，阻擋着風的衝刺。

風速的紀錄

在美國華盛頓山上監測到了風速最大的正常風（除龍捲風、颱風外）。

世界上風最多的地方

南極洲一年有三百天處於大風中。

人們利用熱空氣會上升的特性，發明了熱氣球。

風力等級

1805 年，英國海軍弗朗西斯·蒲福上將將風力劃分為 13 個等級，但不包括颱風。

風向標

測定風向的設備。

風時刻存在着，有時微弱到不易被感知。風能夠幫助植物傳播花粉，也能為人類所利用，比如風能發電。

脾氣不好的大風

熱氣球隨着空中颳起的風越飛越遠，智慧博士打了個盹兒的工夫，熱氣球竟遇上了龍捲風。

龍捲風像一個大漏斗，它出現得很突然，通常持續的時間不長，有時只有幾分鐘。

龍捲風所過之處，很多東西都會被它捲進去，當風力減弱後，這些被捲上高空的東西又會從空中掉下來。

龍捲風的形成

龍捲風是空氣的旋渦，是由於大氣不穩定而產生的空氣強烈旋轉現象。

這又是甚麼風？海水都被掀起來了！

是颱風！今天真不適合出門。

比龍捲風更厲害的是颱風。颱風主要發生在海面上。颱風來時，常伴有狂風暴雨和驚濤駭浪。

颱風長這樣

颱風眼

雲牆

雨區

空氣裏的「魔法」

小淘氣發現空氣裏有「魔法」。

這個魔法能讓小水滴「消失」，然後在高空中出現。重新出現的小水滴還能變成小冰晶。

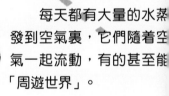

每天都有大量的水蒸發到空氣裏，它們隨着空氣一起流動，有的甚至能「周遊世界」。

為甚麼夏天比冬天潮濕？

溫度高時，空氣裏的水蒸氣會增多，溫度低時，水蒸氣會減少。所以大多數地區的冬天比夏天乾燥。

水的三種狀態

　　水蒸發時，從液體變成了氣體，也就成了水蒸氣。

　　當溫度降低，水蒸氣又會變成水。

　　溫度低於0℃，液態的水會被凍結成冰，這被稱為「水的凝固」。

　　到了溫度較低的地方，水蒸氣液化成了雨商或者凝華成為雪花，從天上掉下來。

為甚麼雪條會「出汗」？

　　雪條從冰箱裏拿出來後，包裝紙上很快就凝結了一層水珠。這是空氣中的水蒸氣發生的液化現象。

在雲上

　　小淘氣和智慧博士遇到了一片很大很大的雲。小淘氣一直很好奇，雲朵裏是不是藏着一個奇異世界呢？

　　雲是天空中常見的氣象。雲的形狀千變萬化，有的看上去就像一匹小馬，有的像是張笑臉，總能讓人浮想聯翩。

　　雲會移動，並非因為雲長了腳，而是風把雲朵吹得四處跑。

雲消失了

　　當溫度大幅上升時，雲受熱蒸發成水蒸氣，雲就消失了。

　　飽含水蒸氣的熱空氣上升到天空中，由於高空的溫度沒有地面溫度高，一部分水蒸氣失去了熱量，變成了小水滴和小冰晶。

許多人認為雲由水蒸氣構成，但是水蒸氣是看不見的。

很多雲是液態的小水滴和固態的冰共同構成的。通常雲裏既有水滴也有冰晶，還有灰塵等微小的顆粒。

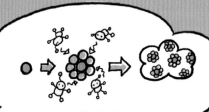

凝結核

飄浮在空中的花粉、灰塵等微小顆粒（又叫凝結核），會吸引空氣裏的小水滴和水蒸氣，從而聚攏形成雲。

雲預示着甚麼？

卷雲通常出現在較高的空中，當卷雲聚集時，壞天氣就要來臨。

高積雲像棉花糖一樣，一團團成羣結隊地在空中飄動，它們能讓天氣變化無常。

層雲經常出現在山腰上，有時會貼近地面。層雲會帶來細雨或者小雪。

卷雲

高積雲

層雲

明天會有好天氣

在雲上不小心睡着了，小淘氣再醒來，天空竟然變成了橘黃色。

如果大氣中有很多水蒸氣，陽光經過大氣層時，就會被大氣「拆散」，變成紅色光、橙色光、黃色光等。雲也會染上這些燦爛的顏色，形成霞。

光的組成

太陽光的可見光部分由紅、橙、黃、綠、青、藍、紫七種彩色光混合而成。

彩虹的由來

彩虹由光的散射形成。

在陽光非常好的地方，用噴霧器噴一些水。利用小水珠將陽光「分散」，也能形成彩虹。

早上出現的霞稱為朝霞，晚上出現的霞叫晚霞。朝霞預示着未來可能會有雨，晚霞出現則是好天氣的徵兆。

朝霞不出門，晚霞行千里。看來明天是個好天氣。

看到美麗的晚霞後，小淘氣和智慧博士等待了好幾天才遇上雷雨天。

第一次這麼近地看雷電，小淘氣嚇壞了。雷電可真是厲害！

雷雨來了

古時候，人們以為雷電是天神憤怒時施放的法術。其實雷電並不是法術。

雷電只是自然界一種很普遍的天氣現象。空中出現烏黑的積雲，通常意味着雷雨將至。

雷電的形成

在積雲中，風以極快的速度上下擾亂雲裏的小水滴和冰晶，使雲不斷積蓄電荷。當電壓高到一定程度，雲與雲、雲與大地就容易發生放電現象，這時候雷電就產生了。

躲避閃電

大樹、山頂上的電塔等高而孤立的東西，最容易成為閃電襲擊的目標。所以打雷時不要站在高處或大樹下。

閃電威力巨大，它出現的瞬間，會產生
高的溫度，這個溫度大約是太陽表面溫度的
5 倍。

目前，人類還無法利用雷電，只能儘量減
雷電造成的損失。

避雷針是誰發明的？

美國自然科學家班哲文‧富蘭克
林做了一個關於風箏與雷電的實驗，
這個實驗啟發他發明了避雷針。

為甚麼先看到閃電後聽到雷聲？

閃電和雷聲同時發生，不過光的速度
比聲音的速度快，我們會先看到閃電，過
一會兒才會聽到雷聲。

世界各地這樣下雨

小淘氣發現，不是所有下雨天都會打雷。
他強烈要求在不打雷的下雨天進行天氣考察！

世界上降雨量最大的地方

人們迄今所記錄到的年降雨量最大的地方是印度東北部的乞拉朋齊。

世界上最乾燥的地方

位於南美洲的阿塔卡瑪沙漠如同火星一樣貧瘠而乾旱，有時全年無雨，被稱為「世界旱極」。

不下雨的城市

南美洲祕魯的首都利馬，號稱「六百年沒有下過雨」。這是誇張的說法，不過這裏一年中也許只有一場雨。

雨是最常見的天氣現象之一。它是水循環的一個過程，是幾乎所有的遠離河流的陸生植物補給淡水的唯一途徑。

總是下雨的地方

夏威夷的懷厄萊山是世界上年降雨天數最多的地方之一，據說最多可達到 350 天。

這邊下雨那邊曬

「雲南十八怪，這邊下雨那邊曬。」這句諺語說的是雲南地區因為地形影響，有時會有小範圍的降雨，人們能夠走出降雨區域。

魚雨

在世界眾多怪雨中，還有魚雨。魚雨的形成是因為海洋上颳起的龍捲風將海中的魚捲到了天上，風力減弱後，這些魚就從天上掉了下來，形成了魚雨。

地球穿上小棉襖

小淘氣和智慧博士完成了雨天考察，但是大雨使他們的衣服都濕透了！小淘氣擔心自己會感冒，還好今天的氣溫是38℃！

今年似乎比去年更溫暖。

全球正逐漸變暖。

全球溫度升高，使得地球的兩極有很多冰山開始融化。

主要吸熱氣體

水蒸氣（H_2O）
二氧化碳（CO_2）
甲烷（CH_4）

空氣中有些氣體會吸收熱量，這些吸熱氣體會把熱量「留住」，熱量無法很快地「逃離」。

正是因為這些吸熱氣體的存在，地球才不會很冷。但是吸熱氣體逐漸增多，它們「留住」的熱量也變得更多，大氣層變成了一間「溫室」。人們稱之為「溫室效應」。

為甚麼吸熱氣體越來越多？

人們對化石燃料的使用，使得排放到空氣中的 CO_2 急速增長。

水川融化導致海面上升，海水將淹沒一部分小島，陸地逐漸變小。

一些原本缺水的地方，因為氣溫逐年升高而更加乾旱。

怎樣減少溫室氣體的排放？

1. 人們可以使用太陽能、風能等清潔能源。
2. 出行時，選擇公共交通工具。
3. 廢物回收利用，節約能源。

全球變暖是一種自然現象，它是指全球的平均氣溫正逐漸升高。現在地球的平均溫度比一百年前高了一點點，差異雖然不大，但是溫度升高帶來的影響已經逐漸顯現。

被雪砸到了

　　智慧博士得到消息，北方有大雪。他帶着小淘氣興致勃勃地去賞雪，卻被這場「大雪」砸得有點疼。

　　這不是一場普通的大雪，裏面竟然夾雜了冰霰。

　　當温度降低，雲裏的小水滴凝結成小冰晶，會形成雪花。如果從高空到地面上温度都很低，雪花下落時不會融化，就形成了「下雪」的情況。

雖然我們大〔都〕是六角形的，但是長得不〔一〕樣呦。

雪能保暖

　　雪花和雪花之間有着很多空隙，空隙裏填滿了空氣，積起來就成了一張「大棉被」，它能夠減緩地面温度散失。

雪地裏很安靜

　　雪花之間的空隙，還能「吸收」聲音。雪地裏通常很安靜。

冰霰又稱雪豆子或米雪，大多為圓錐形或類球狀的白色顆粒。冬季降雪時，偶爾會出現冰霰氣象。

冰雹與冰霰不同，它比冰霰硬，有極強的破壞力。冰雹主要發生在夏季。

冰雹的危害

冰雹從高空落下來，即使是小汽車，也可能會被大顆的冰雹砸碎玻璃或者砸壞車身，更別說植物了。

地面的「水」

天氣研究活動繼續進行。一大清早，小淘氣就被智慧博士叫到了花園裏。花園中閃爍着無數小水滴，讓小淘氣很詫異。

露形成的條件

露的形成，需要兩個條件：
1. 空氣裏的水蒸氣含量高。
2. 溫度降低很多。

這是露。

露是甚麼？
是沐浴露嗎？

智慧博士又打開了自由門，他們穿梭時空，回到了去年的冬天。這個冬天出現了大面積的霜。

在秋夜或者冬夜，貼近地面的空氣中飄浮的水蒸氣因降溫在植物表面或地面凝結成了小冰晶，就成了霜。

山谷和窪地容易出現霜。

甚麼是霜凍？

霜凍主要是指農作物受寒潮影響而結冰的情況。霜凍會凍傷甚至凍死農作物。

露又稱為露水，它並不是來自高空中的水。

夜晚，地面濕熱的空氣開始降溫，這時空氣裏的水蒸氣就在植物表面和地表凝結成了小水滴，變成了露。太陽出來後露很快就消失了。

露可以喝嗎？

露也是水，是可以喝的。古人常採集植物上的露水泡茶。

但是近現代空氣污染嚴重，露也就不宜飲用了。

漂亮的霜花

霜聚集在一起，還會形成不同的、漂亮的「霜花」。

降霜了，天氣會一天比一天冷。

天怎麼灰了

　　智慧博士說，接下來的調查會有一點危險。小淘氣很好奇，大霧裏會藏着甚麼危險？

　　霧是貼近地面的雲，它通常在夜間出現，清晨太陽出來後漸漸消散。
　　連綿的山間常會有雲山霧繞的景象，像仙境一般。

霧的影響

1. 大霧天氣會降低能見度，容易造成交通事故。
2. 霧是一些有害細菌和污染物的「温牀」，人吸入混濁的霧有害健康。

霧形成需要具備三個條件：
1. 有較明顯的溫度降低。
2. 空氣裏有足夠多的水蒸氣。
3. 空氣裏有凝結核。

曾經的「霧都」

　　幾十年前英國的首都倫敦長期瀰漫着混濁的大霧，曾被稱為「霧都」。

　　城市及其周邊很容易出現一種類似霧的氣象，被稱為霾，它是大量的灰塵、花粉等顆粒與水蒸氣共同作用形成的，另外，霾不容易消散。

霾含有大量的細小顆粒，大部分是對人體有害的物質，並且能被人吸入肺中，容易引起人體病變。

當出現霧霾天時：
1. 將門窗關好，打開空氣淨化機過濾屋裏的灰塵和微粒物。
2. 出門戴上口罩，減少戶外活動。

沙塵暴

智慧博士沒控制好自由門，讓熱氣球飛到了一個奇怪的地方。這裏黃沙漫天，讓人感覺彷彿置身黑暗中。這是遇上了沙塵暴天氣。

沙塵暴形成的三個條件

1. 地面有大量沙粒、塵埃。
2. 有大風形成，風力大約在 8 級左右。
3. 存在垂直和平行運動的氣流。

威力無比的「黑風暴」

黑風暴是一種強沙塵暴，破壞力極大。1934 年發生在美國的黑風暴持續了三天之久，震驚了全世界。

沙塵暴也有好的一面

據調查，沙塵暴從沙漠帶走的營養成分落到海洋，為浮游生物提供了充足的養料，一些以浮游生物為食的魚類也就有了豐富的食物。

沙塵暴通常出現在較為乾燥甚至乾旱的地區，會造成房屋倒塌、交通供電受阻或中斷、火災、人畜傷亡。

幾乎所有沙塵暴來臨時，「打頭陣」的都是風沙牆。這種風沙牆甚至能比三十層的大樓還高。

防護林裏種了哪些樹？

設置防護林保護土壤，是減少沙塵暴的有效方法。

防護林裏的「勇士」：

1. 沙柳　　4. 胡楊
2. 梭梭　　5. 樟子松
3. 中國沙棘

遇到了這麼多不同的天氣現象，小淘氣現在非常想知道明天的天氣情況。

智慧博士看出了小淘氣的好奇，決定帶小淘氣去參觀天文台。

這裏能預報天氣

我們能獲取世界各地的天氣情況，這是氣象工作者們共同勞動的成果。

天文台的工作

走進天文台，小淘氣沒有看到他想像中的各種「天氣實驗」。這裏沒有雲朵被研究，也沒有人製造閃電放到天上去，有的只是很多電腦和巨大的屏幕。

一些工作人員正忙碌地繪製着氣象圖。氣象圖是預測的天氣情況圖，用來製作每天都會播出的《天氣預報》。

工作人員正在整理天氣的數據。他們研究這些數據，預測將要出現的天氣情況。

天氣預報的發佈

通過電視和互聯網，我們能輕鬆獲取最新的天氣情況。

佈新的天氣情況，方便人們通過互聯網了解最新的天氣情況。

還有一些數據來自於地面。很多地方都設置有天氣數據採集裝置——比如百葉箱中的設備。這些地面設備能提供實質地天氣數據。

另一部分數據來自高空中。每天都會有很多「氣象氣球」飛向距地面30公里的高空，它們攜帶着探測天氣情況的設備，能採集研究人員需要的數據，發送到天文台。

天氣數據從哪兒來？

一部分數據來源於大氣層之外的人造衛星，它既能拍下地球的全貌，也能拍下大氣層的情況。衛星將這些照片傳到天文台的電腦裏，電腦會處理這些資訊，獲得參考數據。

天氣數據都有哪些呢？

世界各地的天文台都需要測量空氣的濕度、氣壓、溫度、降雨量以及風速，並通過太空中的衛星了解大氣層中發生的變化。

祖先的智慧

參觀了天文台後，小淘氣去圖書館查找了一些關於古代天的資料。沒想到古時候的天氣觀測這樣有趣！

① 在甲骨文時代，人們靠抬頭看天和甲骨占卜來預測天氣。

③ 東漢時期，中國誕生了世界上最早的風向儀 ——「相風烏」。

《晴雨錄》

《晴雨錄》記錄了清朝從雍正時期到光緒時期，京都地區連續一百七十餘年的降雨情況。

④ 古時還出現了專門觀測天文氣象的機構 ——「欽天監」。

二十四節氣

「二十四節氣」是中國古代非常重要的氣候總結，它是古人依據太陽在天空中的運行規律，再結合天氣變化總結而成的。

② 中國古代，人們給一年定出二十四個「節氣」，還總結出每個節氣的氣象特點。每個節氣代表了一段時間的天氣情況。比如到了大暑時期，天氣非常炎熱。

世界上最早的氣象學專著

古希臘哲學家亞里士多德的《氣象通典》是世界上最早的氣象學專著。

中國古代沒有「氣象」一詞，這個詞來源於西方。中國對氣象的科學研究，也是從近現代開始的。

⑥ 民國時期，科學家竺可楨先生創建了中國歷史上第一個氣象研究所。

冷暖氣團相遇了

冒險之旅還沒結束，智慧博士興致勃勃地帶着小淘氣去看降雨。這可是場不得了的降雨！

我是熱乎乎、濕漉漉的暖氣團。

冷暖氣團大比拼

第一場：夏季時，冷暖氣團勢均力敵，給南方地區帶來了連綿不斷的「黃梅雨」。

第二場：冬季時，冷氣團強過暖氣團，將有大寒潮來襲。

1

2

空氣總是喜歡「抱在一起」，它們聚集成穩定的氣團，去周遊世界。富含水蒸氣的暖氣團遇到溫度低冷氣團，會形成降雨。

一連下好久的「梅雨」，就是有名的氣團降雨。

我是冰涼、乾燥的冷氣團。

氣壓

氣壓差是氣團移動的原因。高氣壓的地方是很多氣團「旅行」的起點。

N 高氣壓
60°
30°
0°
30°
60°
高氣壓 S

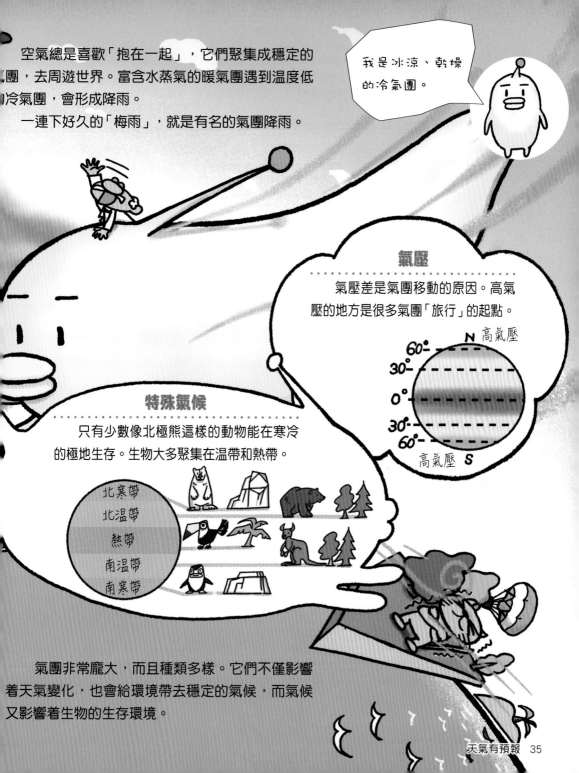

特殊氣候

只有少數像北極熊這樣的動物能在寒冷的極地生存。生物大多聚集在溫帶和熱帶。

北寒帶
北溫帶
熱帶
南溫帶
南寒帶

氣團非常龐大，而且種類多樣。它們不僅影響着天氣變化，也會給環境帶去穩定的氣候，而氣候又影響着生物的生存環境。

歡迎來到熱帶雨林

來自熱帶的暖氣團把智慧博士和小淘氣帶到了世界上最大的熱帶雨林——亞馬遜熱帶雨林。

亞馬遜熱帶雨林

亞馬遜熱帶雨林像個巨大的吞吐機，勤勉地吸收着二氧化碳，釋放氧氣，被譽为「地球之肺」。

亞馬遜熱帶雨林位於南美洲的亞馬遜平原上，世界第二長河亞馬遜河貫穿其中，它是全球最大的熱帶雨林。

廣袤的熱帶草原

亞馬遜河流域的森林兩側是兩片廣袤的熱帶草原。充足的雨水形成豐茂的草原，為草原動物們提供了賴以生存的家園。

亞馬遜平原上生活着許多動物，比如猴、樹懶、蝴蝶、美洲豹，以及一千多種鳥類。河流裏有着凱門鱷、淡水龜，以及水棲哺乳類動物如亞馬遜海牛、淡水海豚等。

沙漠生存

離開亞馬遜熱帶雨林，小淘氣和智慧博士來到了世界上最大的沙質荒漠——撒哈拉沙漠。

黃沙漫漫，這裏似乎隨時會颳起一場沙塵暴！

自然的「藝術」

地表的岩石受到風和水的侵蝕，容易崩碎。這種現象叫風化。

風化能形成很多神奇的自然奇觀。

沙漠裏的河

旱谷是撒哈拉沙漠裏常見的乾涸河道。一旦有暴雨降下，這些河道就會重新積滿河水。

沙漠地區溫度變化很大，白天的高溫使得岩石膨脹，當夜晚溫度驟然降低時，岩石又會收縮。如此長期反覆，岩石就會變得很「脆弱」，慢慢變成了沙子，日積月累就形成了沙漠。

沙漠裏的綠洲

綠洲是沙漠中容易找到水的土地。

泉水綠洲水源穩定，大多都能發展出城市。

河水綠洲形成於多雨地區的河道兩側。

傳說中的城市樓蘭，是在山麓綠洲上建起的城市。

奇妙的海市蜃樓

海市蜃樓常在海上、沙漠、雪原、極地地區產生。

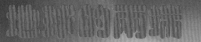

智慧博士收到了一份來自科學考察隊的邀請函，他帶着小淘氣乘船來到了南極。

地球最南端的南極，是一整塊冰雪大陸，被人們稱為第七大陸，也是唯一沒有人員定居的大陸。

極晝與極夜

極晝和極夜是極地地區特有的自然現象。

極晝是太陽永不落，天空總是亮着；極夜則是太陽總不出來，黑夜很漫長。

冰蓋

巨大的冰川形成了冰蓋，覆蓋了南極洲和格陵蘭島的大部分地區。

這些冰蓋的厚度通常超過 2.5 公里，蓄積了地球上的大部分淡水資源。

2.5 km↑

海冰

在極地的海洋中有兩種冰，它們的形成原因不同。

有的冰是直接在海裏結凍形成，冰山是鄰近海邊的冰川或冰蓋斷裂而進入海裏的冰塊。

地球的最北端是被冰雪覆蓋的極地，叫北極。

南北兩極都有極晝和極夜現象。在漫長的白天，動物必須積累足夠的能量，牠們需要不停地進食。當永夜來臨時，動物便可以憑藉準備好的能量度過最為艱難的時期。

兇猛的北極熊

北極熊是北冰洋上的霸主。這個龐然大物雖然兇猛、強壯、耐寒本領高強，但是極地寒冷的冬天尋覓食物異常困難，牠也不得不忍受飢餓。

南極的「居民」帝企鵝

帝企鵝是南極企鵝中個頭最大的一種，是唯一終年生活在南極本土的企鵝。

最冷的地方

地球的兩極全年嚴寒，幾乎都在 0℃ 以下，具有全球的最低年平均氣溫。

在南北兩極，待在水裏恐怕比在陸地上「暖和」。

神奇的極光

南北極天空中時常出現極光，是太陽風吹至地球的結果，十分美麗。

「懂」天氣的動植物

小淘氣來到了森林裏，聽到了一些關於動植物和天氣的故事。

青蛙被稱為「活晴雨表」

當空氣很乾燥時，青蛙皮膚上水分蒸發的速度會加快，牠就需要回到水裏。

麻雀對天氣的變化也非常敏感

寒冬時，如果麻雀四處飛舞尋找食物，不斷地往鳥窩裏藏食物，就表明近期將會下雪。

鳥類大遷徙

當氣候變化超過了動物們的忍受範圍時，牠們就需要搬家！

氣候變化是大部分鳥類遷徙的原因之一。

蜘蛛是「預測」天氣的小能手

蜘蛛大量吐絲編織蜘蛛網以抓捕獵物時，預示着好天氣將來臨。

「預報」下雨的魚

將要下雨時，水中氧氣含量會減少，於是魚類紛紛浮到水面呼吸空氣。

草原動物的遷徙

旱季時草原雨水少，草木枯黃，食草動物們不得不追逐水源，到另一個地方去，形成動物大遷徙。

植物與氣候

氣候對植物影響很大。

蘋果樹長在比較寒冷的地區，樹葉上有一層短短的絨毛，能保護葉子不受凍害。

柑橘生長在溫暖多雨的地方，它有着光滑的葉片，在大雨過後，光滑的葉片上的水能很快蒸發。

樹木也可「預報」天氣。

青岡樹的葉子會隨天氣變化而變顏色。晴天時葉子為深綠色；雨天時樹葉變紅。

今天可以不下雨嗎

　　小淘氣很好奇，人類難道不能對天氣做點甚麼嗎？當遇到惡劣天氣的時候，是否有應對辦法？

　　智慧博士給小淘氣講了講關於人工氣象的事情。

人們利用火箭發射架向空中發射含有催化劑的火箭彈。

人工氣象的起源

　　「人工影響天氣」是在美國諾貝爾獎得主朗格繆爾指導下，逐漸發展起來的改變天氣的行為。

人工氣象基本原理

　　人們運用雲和降水等氣象的物理學原理，主要採用向雲中撒播催化劑的方法，使某些局部地區的天氣改變成有利於人類活動的天氣。

利用高射炮向空中的雲團發射含有催化劑的炮彈，是常見的人工改變天氣的方式。

人工降雨

當乾旱發生時，人們常採用人工降雨的方式緩解乾旱。

人工消霧

大霧容易引發交通事故，人工消霧能讓大霧很快散去。

小淘氣的天氣報告

智慧博士告訴小淘氣，從地球誕生到現在，地球一直有天氣的變化。

大氣層的誕生

隨着小行星不斷撞擊新生的地球，以及地殼的變遷，地球上形成了初始的大氣。隨着生命的出現，大氣中逐漸有了氧氣和二氧化碳，最終形成了現在的大氣。

近代最溫暖的一年

據科學研究，2020 年是近代測量出的最溫暖的一年。

大冰河時期

距今最近的冰河時期稱為「大冰河時期」，當時地球約三分之一的陸地覆蓋在非常厚的冰層下。

海洋和陸地

地球的第一場雨傾瀉而下，而且一下就是好幾百年。地球被水淹沒，變成了一顆「水球」。熔岩表層慢慢冷卻，逐漸形成了陸地。

地球在冰河時期內氣候一直遵循着冰期和間冰期相互交替的規律。

冰期是出現大規模冰川的時期，異常寒冷。很多動植物捱不過寒冷而滅絕，比如猛獁象。

間冰期是指兩次冰期之間氣候穩定且溫暖的時期。現在地球正處於間冰期。

森林的重要性
森林可以幫助增加降水量、減小風速。在乾旱地區，森林可以防風固沙。

改變大氣的功臣
藍細菌這類能產生氧氣的原核生物為大氣提供了氧氣，使地球越來越適合生物生存。

有趣的天氣警告圖示

一起來認識天氣警告圖示吧！

T1 一號戒備信號

⊥3 三號強風信號

8 NE 東北 八號東北烈風或暴風信號

8 NW 西北 八號西北烈風或暴風信號

8 SE 東南 八號東南烈風或暴風信號

8 SW 西南 八號西南烈風或暴風信號

9 九號烈風或暴風風力增強信號

10 十號颶風信號

黃色暴雨警告信號

紅色暴雨警告信號

黑色暴雨警告信號

雷暴警告

 新界北部水浸特別報告

 山泥傾瀉警告

 強烈季候風信號

 霜凍警告

 黃色火災危險警告

 紅色火災危險警告

 寒冷天氣警告

 酷熱天氣警告

海嘯警告

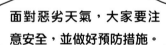
面對惡劣天氣，大家要注意安全，並做好預防措施。

以上天氣警告資料由「香港特別行政區政府香港天文台」提供